改變世界的 STEM職業

移動科技英雄

湯姆積遜／著　　翟芮／繪

新雅文化事業有限公司
www.sunya.com.hk

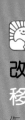

改變世界的STEM職業
移動科技英雄

作　　者：湯姆積遜（Tom Jackson）
繪　　圖：翟芮（Rea Zhai）
翻　　譯：Fiona
責任編輯：林可欣
美術設計：徐嘉裕
出　　版：新雅文化事業有限公司
　　　　　香港英皇道499號北角工業大廈18樓
　　　　　電話：(852) 2138 7998
　　　　　傳真：(852) 2597 4003
　　　　　網址：http://www.sunya.com.hk
　　　　　電郵：marketing@sunya.com.hk

發　　行：香港聯合書刊物流有限公司
　　　　　香港荃灣德士古道220-248號
　　　　　荃灣工業中心16樓
　　　　　電話：(852) 2150 2100
　　　　　傳真：(852) 2407 3062
　　　　　電郵：info@suplogistics.com.hk
印　　刷：中華商務彩色印刷有限公司
　　　　　香港新界大埔汀麗路36號
版　　次：二〇二四年四月初版

ISBN: 978-962-08-8345-3
Original Title: *STEM Heroes: Keeping Us Moving*
First published in Great Britain in 2024 by Wayland
Traditional Chinese Edition
© 2024 Sun Ya Publications (HK) Ltd.
18/F, North Point Industrial Building,
499 King's Road, Hong Kong
Published in Hong Kong SAR, China
Printed in China

目錄

他們是移動科技英雄！

　　下次當你乘搭汽車、列車或飛機，甚至踩單車經過單車徑或天橋時，試想想這些交通工具和建築物是由哪些英雄造出來的！他們包括了不同專業的工程師、技術人員和科學家，運用各種科學（Science）、科技（Technology）、工程（Engineering）及數學（Mathematics），合稱**STEM技能**，來幫助我們四處通行。現在就來了解一下這些英雄們的工作吧！

首先，你們知道STEM與移動科技有什麼關係嗎？

（S）科學與移動科技

科學是探究事物運作方式的系統。材料科學家創造新物料，專門用來製造各種物品，例如飛機機翼、單車車架或電池。

（T）科技與移動科技

科技是為了讓生活更輕鬆便利而創造出來的各種工具。簡單如車輪也是科技，因為沒有車輪，我們就無法走得更遠！

（E）工程與移動科技

工程師通過科研來創造事物，運用在移動科技發展上，例如設計連接城市的道路和橋樑，或者為電動單車發明更輕巧的電池。

（M）數學與移動科技

科學家和工程師每天都會在工作中運用數學，如計算空氣在列車和飛機四周如何流動，或測量汽車產生多少污染物。

道路上的STEM

很多STEM英雄努力保持路面暢通。為了達到這個目標，**交通管制員**需要知道路面情況，而這些資料來自閉路電視和汽車本身。

汽車裏的衛星導航系統接收太空中人造衛星的信號。電腦會整合這些信號，來標示汽車在道路上的位置。

有些衛星導航系統還會收集其他衛星導航的信息，標示出可能交通擠塞的地方。

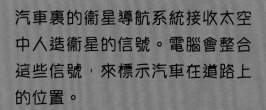

前方交通嚴重擠塞！

阿爾伯特·愛因斯坦（Albert Einstein）是歷史上最偉大的STEM英雄之一，他提出了有關時間和移動的理論。我們這些物理學家便是運用他的理論來建立衛星導航系統。

閉路電視利用由**電腦科學家**創建的人工智能（AI）來讀取車牌，以及偵測交通擠塞、故障或意外情況。

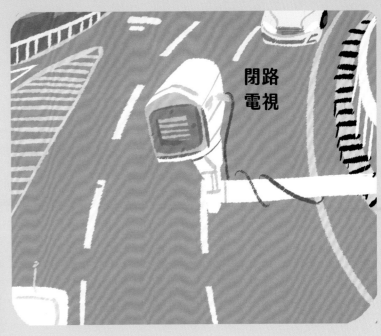

閉路電視

共享單車應用程式

在美國、日本等地方，還有共享滑板車出租，方便短途出行。

共享單車以及召喚的士平台，既能方便我們的交通，又能減輕交通擠塞的情況。**應用程式開發員**開發了許多手機應用程式，讓我們只用智能電話就可以享用交通設施。

地圖應用程式

這條單車路線最適合你！

TAXI

召喚的士應用程式

高科技汽車工廠

全球約有15億輛汽車，當中大部分使用的燃料會污染地球。但是，在STEM英雄建立的高科技工廠中，**汽車製造商**可以設計較環保的電動車。

工廠中大部分工作由機械人完成，設計它們的工程師稱為**機械人學家**。

機械手臂

我們已經為這些機械人編寫程式，讓它們一遍又一遍地完成同樣的工作，卻永遠不會感到疲勞或沉悶！

電動車配有電池，不像傳統汽車的燃料缸。**化學家**正在尋找可以使電池變得更細小的新材料，而**電機工程師**則研究如何更加有效地善用電池的能量。

電機工程師

有些汽車甚至可以自動駕駛。**汽車工程師**在汽車上加裝了攝影機和感應器，使汽車能夠探測周圍環境。

電腦科學家教導汽車中的電腦辨識四周情況，使它能夠安全地行駛。

道路標記

自動駕駛汽車

這些汽車可以在道路上自動行駛。如果前方的車輛過於接近，它們會減速或停下來。

踏板的力量

單車是非常好的交通工具，特別適合短途旅行，而且可以去到汽車無法到達的地方。而踏板的動力也和STEM甚有關聯呢！

物理學家告訴我們，以鏈條驅動的單車是高效率的交通工具。它不像汽車那樣浪費能源。

車上還可以添加小型電池和馬達，改裝成為電動單車。

單車車架講求堅固但輕巧。

材料科學家的工作便是找出適合製作單車的材料。

碳纖維

金屬

還可以用紙板？

單車的車輪需要有良好的抓地力，這與輪胎設計有關。**機械工程師**設計適用於不同路面的輪胎花紋。

在泥地與雪地需要深坑紋的輪胎

追求速度需要光滑花紋

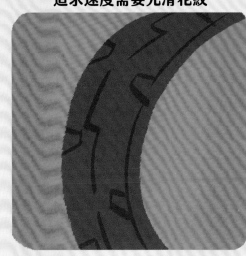

產生抓地力的作用力稱為摩擦力。

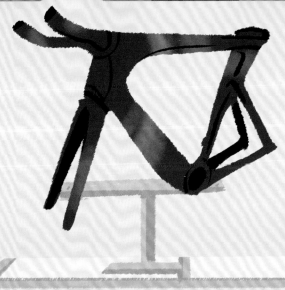

工業工程師需要確保單車容易安裝，具有適合的形狀、大小和配件供應。

公路單車或競賽單車

山地單車

載貨單車

道路興建中

汽車和貨車裝配着車輪，需要穩固和平坦的道路才可以高速行駛。興建一條道路是需要多年的規劃和設計的！

建築師是建築物的設計師，他們和**工程師**要花上多年來完成這條道路的設計，他們也會跟許多STEM英雄合作。

整體規劃圖

地質學家對岩石很熟悉，他們說這裏的地基夠穩固，能夠承受交通工具的重量。

我們也請**環境科學家**協助我們，建議方法來減少工程對附近自然環境造成破壞。

土木工程師對混凝土和鋼材等材料非常熟悉，負責按着設計圖建造道路和大型建築物。

柏油

自然地層

沙子和碎石

道路是分層建造的。頂層是柏油，它是平滑的混合物，由柔軟的焦油和堅硬的石頭組成。

我是**測量師**。在施工前，我會測量自然面貌。我使用測距儀測量這裏與那邊的柱子之間的角度，然後運用數學技能來計算距離。

柱子

測距儀

搭建橋樑

橋樑是最難設計和建造的建築物之一。它們雖然長，卻要非常穩固；同時要夠輕，才不會因為負荷太重而倒塌。它們通常建於很深的河流和崎嶇的峽谷。

建造橋樑的方法有幾種，**結構工程師**負責選擇最適合的設計。

平橋很容易建造，但只適用於小跨度。

拱橋非常穩固，但很沉重。如果我們在這裏建造拱橋，它一定會倒塌。

以這個位置來說，最好的設計是懸索橋。這種橋利用粗重的懸索拉住道路，並錨固到地面上。

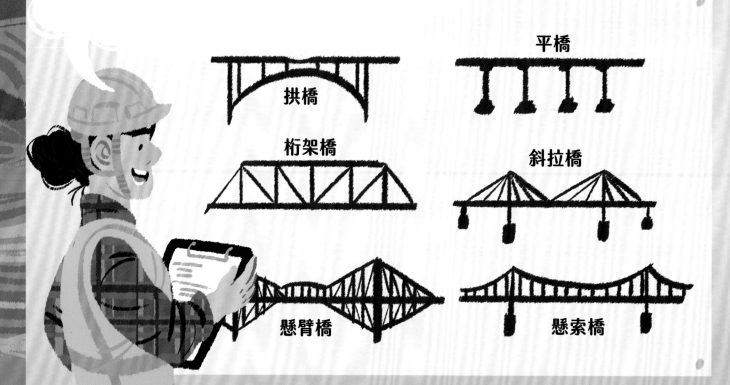

拱橋

平橋

桁架橋

斜拉橋

懸臂橋

懸索橋

我是**地震學家**，專門研究地震以及地震如何影響地底深處的岩石移動。我前來實地考察，看看這個地區是否適合建造如此巨大的橋樑。看來這個橋樑設計得夠堅固，可以抵禦地震呢！

挖掘隧道

有時候，道路設計需要穿越地底，這時STEM英雄就要挖掘隧道。隧道是由隧道鑽挖機開鑿出來的，這些機器很龐大，移動得很慢，但可以穿過岩石！

隧道挖掘工程非常危險，因為岩石可能會破裂和倒塌，幸好**地質學家**會找到適當的地點來安全地鑽穿石頭。

如果上面的岩石很堅硬，隧道鑽挖機會切割下面較軟的岩石，這可以保持隧道穩固。

世界上不同類型的岩石大約有300種！

岩層

地質學家

地底很潮濕，尤其是在河牀下面。
水文學家專門研究水如何在地上流動，及穿過地下岩石。

水

混凝土搪層

這層混凝土搪層使隧道防水。

隧道鑽挖機的前端可以整個旋轉，帶有鑽石塗層的刀具可以磨穿堅硬的岩石。

技術人員在裏面輪流駕駛鑽挖機向前推進，確保隧道挖掘工程可以每天連續24小時不停進行。

這裏的空間很大，連廁所和休息室都有呢！

路軌上的列車

利用車輪移動的交通工具之中,哪一種最快?不是跑車或渦輪增壓車,而是列車!鐵路運輸既快捷又安全,也比公路運輸產生更少污染。STEM英雄們仍在不停地研究:如何讓列車運行得更快呢!

軌道機車(或稱作火車頭)是特別的車輛,它利用牽引或推動的方式,來「推拉」乘客車廂。軌道機車可以利用電動馬達或柴油引擎來啟動,有時甚至是柴電兩用呢!負責維護軌道機車的**工程師**是熟悉這兩種引擎的專家。

軌道機車
(火車頭)

工程師

引擎

列車設計師在風洞測試新設計。當列車高速行駛時，它的車頭會推動一股空氣。

風洞

煙霧

煙霧可以顯示出列車模型周邊空氣流動的情況。

列車模型

最佳設計的列車能夠輕鬆穿破空氣，這樣便可以既飛快又安靜地奔馳。

我是**車務控制員**，我的工作是確保所有列車在鐵路網絡中安全運行。
如果出現延誤，我會盡力讓所有列車恢復運行。

動感運動

在很多競速運動中，例如滑雪和溜冰，也應用了STEM原理。專家們如材料科學家、機械工程師，甚至物理學家，也有參與創造這些運動的器材。

滑雪板能夠在雪上輕鬆滑行，是因為減少了與地面的摩擦。**材料科學家**創造了特殊合金或金屬混合物，用於製造既堅固又柔韌的滑雪板。

單板滑雪板就是把滑雪板和衝浪板的設計合一！

單板滑雪板

彎曲的尖端使我們容易轉彎

滑雪板的形狀與大小是按用途來設計的。

跳台滑雪的滑雪板是長而直的。

工程師發明了在游泳池製造海浪的機器，衝浪者再也不需要到大海才能衝浪了！不論怎樣的海浪都遵循相同的物理規則，所以製造海浪的機器可以為頂尖衝浪者製造大浪，也能為初學者製造小浪。

太有趣了！

滑板和滾軸溜冰鞋需要小巧、堅固、可靠而且價格便宜的輪子。**工業工程師**研究如何製造既耐用，又不太昂貴的輪子。

溜冰技術人員
負責保養冰鞋。他們要保持金屬刀片鋒利，以便在冰面上滑行。

溜冰鞋

滑板

滾軸溜冰鞋

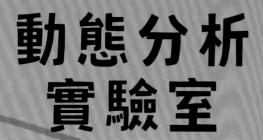

動態分析實驗室

有些人需要科技來幫助他們活動身體，全靠STEM英雄們每天努力創造各式各樣的移動設備。

我是**醫學工程師**，會與**機械人學家**合作，製造外骨骼機械人，讓癱瘓人士能夠四處走動和拿取物品。

外骨骼機械人也可以用於支援工人搬動重物，減輕他們肌肉的負擔。

控制器

外骨骼
機械人

外骨骼機械人的手臂和腿使用電動馬達驅動。

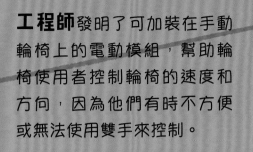

工程師發明了可加裝在手動輪椅上的電動模組，幫助輪椅使用者控制輪椅的速度和方向，因為他們有時不方便或無法使用雙手來控制。

電動輪椅使用的電池和馬達技術，與電動單車和電動滑板車相同。

電動模組

輪椅

這台機器可以「讀取」我大腦發出的信號啊！

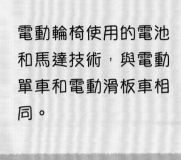

步態科學家
正努力改良腦電波讀取器，讓人們單單通過思考即可控制義肢（人造手臂和腿）的活動。

機場裏的科技

長途旅行最快捷的方法便是乘搭飛機了。飛機工程師使用許多有趣的技術來對飛機進行安全檢查，他們也在不斷尋找更新、更安全的飛行方式。

飛機須定期進行全面檢查。**航空工程師**使用掃描器來尋找機翼或引擎上的任何裂紋跡象。這些裂紋掃描器是使用激光、X光和熱脈衝來找出故障源頭的。

我會更換任何有故障的地方。

熒幕顯示金屬內部

掃描器

噴射引擎燃燒化石燃料時，會產生污染。所以一些**化學家**利用他們的專長，正在尋找方法製作更環保的噴射燃料的，例如利用海草（水藻）或食用油。

噴射引擎

水藻

植物油

無線電工程師負責通信和導航，是機場裏的STEM英雄！

航空交通管制員能夠利用無線電與每架飛機上的機師交談。

機場的雷達系統也是利用無線電波的。這些雷達可以探測到機場附近的飛機，以便管制員知道它們的位置。

航空交通管制室

無線電耳機

雷達

跑道暢通，你可以起飛了！

太空之旅

如果想衝破地球大氣層進入太空，我們需要世界上最大的引擎和最昂貴的運輸工具才能達成。目前全世界只有數百人曾去過太空啊！

很多年前，一位**物理學家**發明了太空火箭引擎，它需要使用兩種燃料，燃料混合後會爆發並產生動力。

燃料箱

我在檢查有沒有燃料洩漏。

火箭科學家要花大量時間測試火箭系統。他們要確保燃料爆發時釋放的推力是朝正確的方向，推動太空船進入軌道，而不是去了其他地方！

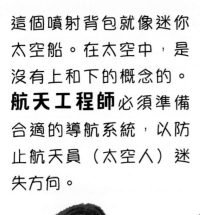

這個噴射背包就像迷你太空船。在太空中，是沒有上和下的概念的。**航天工程師**必須準備合適的導航系統，以防止航天員（太空人）迷失方向。

噴射背包

這個背包利用小型氣體噴射，讓航天員控制方向。

航天服

航天員在太空中的大部分時間都待在密封的模組內。維生系統（維持生命系統）令模組內充滿氧氣，並提供潔淨的水。系統利用太陽能產生電力，使燈光和設備能夠正常運作。

太空模組

建造這樣的模組需要一支龐大的工程師團隊。

我要成為STEM移動科技英雄！

為了方便人們利用道路、鐵路，在空中甚至是太空通行到達目的地，我們必須學習STEM技能。如何成為通曉移動科技的STEM英雄呢？

STEM英雄通常在某些領域具有極高的能力，但他們亦必須擁有科學、科技、工程和數學這些關鍵領域的基礎知識。

化學：STEM英雄一直在尋找使機器變得更安全、更好用和製造更少污染的方法。為此，他們需要理解化學——這門關於材料的科學。

物理學：這門科學研究萬物一切運作的基本規律，包括力如何使物體變化或移動。

電腦科學：電腦科學家建立超卓的電腦程式驅動汽車、找出最佳行車路線，又改善電力供應。

機械人技術：探索全新的機械移動方式，製造能夠行走、飛行或游泳的機械人，或幫助癱瘓人士走動。

生物學：生物學家對不同動物（包括人類！）的行走模式建造模具，讓機械人模仿。

數學：工程師在工作中尤其需要進行大量運算。例如，他們可能要計算汽車或飛機需要使用多少燃料，或者橋墩（橋的支柱）需要多大承托力。

召集所有英雄！
你們的使命就是：
努力學習，獲得更多STEM超能力，讓世界持續暢順運行！

移動科技知識知多點

成為STEM英雄從來都不嫌早。試試挑戰以下
題目，看看自己對移動科技知識的範疇有多熟悉。

問題 1：

隧道鑽挖機使用什麼結晶來磨碎岩石？

A. 鑽石

B. 彈珠

C. 砂糖

問題 2：

工廠裏的機械人模仿哪個身體部位？

A. 眉毛

B. 鼻子

C. 手臂

問題 3：

機場的雷達是使用哪種電波？

A. X光

B. 無線電波

C. 衝浪

問題 4：

新型飛機的燃料有可能由什麼製成？

A. 蛋糕

B. 熱氣

C. 海草

問題 5：

以下哪一座橋樑不是真實存在的？

A. 拱橋

B. 高橋

C. 懸索橋

問題 6：

誰的偉大理論幫助日後製作出衛星導航？

A. 安納金‧天行者

B. 阿爾伯特‧愛因斯坦

C. 神奇女俠

你答對了 4 題以上嗎？你果然是移動科技專家！

如果 6 題全對——你就是**STEM英雄！**

STEM小知識

- 人們每年駕駛汽車達到16兆公里！這足以往返地球和太陽系的邊緣500次！
- 最快的移動方式是乘搭飛機。客機的時速為950公里，比高速公路上奔馳的汽車快100倍。
- 1770年出現的第一輛汽車只有三個車輪，而且是用蒸汽引擎驅動，最高時速為3公里。這輛汽車很難操作，第一次試行駕駛便撞車了！

4. C. 海草，5. B. 高橋，6. B. 阿爾伯特‧愛因斯坦。

1. A. 鑽石，2. C. 手臂，3. B. 無線電波，

答案

中英對照字詞表

architect 建築師：設計大廈或船的專家。

atmosphere 大氣層：籠罩地球的一層氣體。

biology 生物學：研究生物的科學。

chemist 化學家：研究物質組成的人。

computer 電腦：按照指令或程式來執行工作的機器。

electrical 電氣：與電力有關的事物，如 electrical circuit 就是電路。

engineer 工程師：設計、創造並維護各種事物、使生活更美好的人。

environmental 環境的：與自然環境有關的事物。

geologist 地質學家：研究岩石和地球運作方式的科學家。

hydrologist 水文學家：研究水如何沿着河流流動，以及淹沒陸地的專家。

industry 工業：大量生產產品的系統。

materials scientist 材料科學家：研究不同材料（如木材、塑料或金屬）的專家，尤其研究它們的堅固度和彈性。

mechanical 機械的：與機器的運動部件相關的事物。

mobility 動態：與移動有關的事物，如 mobility device就是協助移動、運輸的設備。

module 模組：單獨製造的組件。它可以與其他模組連接，創建太空船或其他車輛等。

navigation 導航：用來找出路徑的系統。

oxygen 氧氣：我們吸入的空氣中的其中一種氣體，維持身體運作的必需品。

paralysed 癱瘓：當人失去活動能力或只能移動身體的某一部分。

physics 物理學：研究宇宙萬物運作方式的科學。

pollution 污染：存在於空氣、水或土壤中的有害物質，有些會導致我們生病。

program 程式：告訴電腦和其他設備如何運作的指令。

prosthetic 義肢：取代身體部位的工具。

radar 雷達：無線電系統，它發射強大的無線電波，這些電波會在遠處的物體上反射。雷達系統接收反射回來的回聲，以偵測我們肉眼看不到的、位於遠方的物體。

roboticist 機械人學家：設計和建造機械人的工程師。

satellite 衛星：圍繞地球不斷運行的星體，人造衛星就是太空船。

science 科學：了解世界運作方式的系統。

semismologist 地震學家：研究地震的專家。

structural engineer 結構工程師：研究如何建造既堅固又安全的房屋、樓宇和其他建築物的專家。

surveyor 測量師：測量地面和建築物形狀的人。

technology 科技：利用最先進的科學和工程技術來完成工作的機器或發明。

延伸學習

相關書籍

《超級汽車大全互動立體書》

通過互動立體機關，幫助你理解汽車的原理和知識，是內容超級豐富的汽車大全！

《發射吧！火箭一飛沖天！-火箭設計師給孩子的航天立體書》

透過豐富的立體場景，讓孩子認識火箭的製造過程和各種航天工作。

《兒童必讀的STEAM百科(2) 生活實踐100例》

STEAM五位小成員會帶你找出融入在你周圍的科技知識，令你更深入地了解超過100個STEAM的關鍵概念，例如交通工具、城市建築、大橋和隧道的建設原理，讓你重新認識這個世界。

相關網站

Build a Wind-Powered Car（英文網站：製作風力發電的車子）

www.sciencebuddies.org/stem-activities/wind-powered-car

觀看短片，動手製作以風力推動的小車子！

Paper Airplane Designs（英文網站：製作紙飛機）

www.foldnfly.com/#/1-1-1-1-1-1-1-1-2

跟着網頁上的教學，製作49款不同的紙飛機！

「摺築博物館」紙模型系列——香港鐵路博物館

https://www.museums.gov.hk/tc/web/portal/mf2020_online_programmes_papermodel04.html

在網頁中下載並列印模型紙樣，就可以製作你的鐵路博物館及火車模型！

> **給家長的話：**左列的網站都富有教育意義，我們已盡力確保內容適合兒童，但也建議各位陪同子女一起瀏覽，以檢查內容有沒有被修改，或連結到其他不良網站或影片。

索引